CREA
UN INVENTO
DE ÉXITO
PASO
A PASO

INVENTA
Workbooks para
emprendedores innovadores

Title: *Crea un invento de éxito paso a paso*

ISBN-10: 1-940075-84-X
ISBN-13: 978-1-940075-84-6

Design: © Promoingenio.com, Ana Gonzalez Salamanca, Nerea Gil Carrasco
Cover: © Promoingenio.com, Ana Gonzalez Salamanca , Nerea Gil Carrasco
Editor in Chief: Jhon A. Manrique
E-mail: info@promoingenio.com
Mail: Avenida Francesc Cambó 17 - 8A, Barcelona, España

© *Crea un invento de éxito paso a paso*
© *Crea un invento de éxito paso a paso*, 2019 for this edition Escribana Books an
Imprint of Artepoética Press Inc.

Si llevas la innovación en tu corazón, si las ideas te caen del cielo, si te llegan en sueños, si encontraste la solución que todos andan buscando, o si eres una persona con insomnio que no puede parar de pensar... INVENTA es la colección de workbooks donde puedes pasar de la idea a la acción con actividades prácticas, consejos e información de calidad diseñados para ayudarte a convertir tu idea en realidad.

En CREA UN INVENTO DE ÉXITO PASO A PASO vamos a acompañarte a trasformar tu invento en realidad siguiendo los pasos diseñados por consultores expertos en innovación y emprendimiento. Inicia tu viaje con una idea, descubre cómo patentarla, crea una comunicación profesional, aplica las mejores estrategias para encontrar tu cliente o socio ideal y ¡véndela! Paso a paso convierte tu idea en un invento y tu invento en un ¡gran negocio!

PROMOINGENIO.COM

Contenido

$\longrightarrow$

Define tu idea

¡Manos a la obra!

01

Iniciemos este viaje con una lluvia de tus mejores ideas. Vamos a ayudarte a identificar cuál de ellas tiene potencial y puede convertirse en una patente.

¡No seas tímido, recuerda que un pequeño invento puede convertirse en un gran negocio!

ideas

ideas ideas ideas

ideas

ideas

....

....

....

....

....

....

....

....

....

....

¡Lluvia de ideas! Escribe o dibuja las mejores ideas innovadoras que tienes en mente.

ACTIVIDAD

¡Da rienda suelta a tu creatividad! Escribir tus ideas te permitirá tener una visión general y elegir la más valiosa.

¡TIP!

LLUVIA DE IDEAS

Si ya tienes tu idea definida, pasa a la página 14.

....

....

....

....

....

....

....

....

....

....

....

....

....

....

....

....

....

....

....

¡Lluvia de ideas! Escribe o dibuja las mejores ideas innovadoras que tienes en mente.

ACTIVIDAD

LLUVIA DE IDEAS

Si ya tienes tu idea definida, pasa a la página 14.

....

....

....

....

....

....

....

....

....

....

....

....

....

....

....

....

....

....

....

....

¡Lluvia de ideas! Escribe o dibuja las mejores ideas innovadoras que tienes en mente.

ACTIVIDAD

Comenta estas ideas con amigos y familiares. Te ayudará a saber cuál tiene un mercado más amplio y aporte mayor valor.

¡TIP!

LLUVIA DE IDEAS

Si ya tienes tu idea definida, pasa a la página 14.

¿Cómo saber si un invento ya existe o está patentado?

Una búsqueda cuidadosa en internet te permitirá saber si tu invento ya está en el mercado y conviene descartar esa idea. Para hacerlo identifica frases que definan tu invento o su funcionamiento y dedica tiempo a revisar los resultados de tus hallazgos

Es posible que encuentres productos con funciones similares a tu invento pero que emplean otra solución técnica menos eficiente, más costosa o complicada. Toma nota de ellos y construye una lista de las ventajas de tu producto.

Si no encuentras productos iguales en el mercado ¡es una gran noticia!, sin embargo antes de decidirse a solicitar un registro de patente para tu invento recomendamos hacer también una búsqueda en bases de datos de patentes.

Existen bases de datos online donde puedes consultar patentes de todo el mundo y comprobar si existen invenciones previas, puedes usar cualquiera de los siguientes servicios que son de uso gratuito:

BUSCADORES DE PATENTES

Google Patents:

☐ Es un buscador de patentes creado como una vía para el fácil acceso a los documentos de inventos registrados. Puedes consultar las patentes de más de 17 países de todo el mundo.

https://www.google.com/patents

Invenes:

☐ Es la base de datos de la Oficina Española de Patentes y Marcas donde podrás consultar información de Patentes y Modelos de Utilidad registrados en España y Latinoamérica.

http://consultas2.oepm.es/InvenesWeb

Espacenet:

☐ Es el localizador de patentes de la Oficina Europea de Patentes (EPO). Contiene información de más de 100 millones de documentos de patentes de todo el mundo registrados desde 1836 hasta hoy.

https://worldwide.espacenet.com/

Latipat:

☐ Es una base de datos de patentes en español y portugués que ofrece acceso a más de 90 millones de documentos de todos los países Iberoamericanos.

https://lp.espacenet.com/

¡Toma nota de los resultados de tu búsqueda!
Escribe las patentes o productos similares que
has encontrado y que podrían afectar tu invento.

....

....

....

....

....

....

....

....

....

....

....

....

....

....

....

....

....

....

....

....

....

....

....

....

....

....

....

....

....

....

....

....

....

....

....

BÚSQUEDA PREVIA

Identifica las palabras claves que definen tu producto, y no olvides intentarlo también en inglés.

¡TIP!

¡Toma nota de los resultados de tu búsqueda!
Escribe las patentes o productos similares que
has encontrado y que podrían afectar tu invento.

....

....

....

....

....

....

....

....

....

....

....

....

....

....

....

....

....

....

....

....

....

BÚSQUEDA PREVIA

¿Se puede mejorar tu idea? Si crees que puedes hacer ajustes o mejoras a tu idea inicial escribe los cambios.

MEJORA

01

....
....
....

MEJORA

02

....
....
....

MEJORA

03

....
....
....

MEJORA

04

....
....

MEJORA

05

....
....
....
....

MEJORA

06

....
....
....

MEJORA

07

....
....
....

MEJORA

08

....
....
....

MEJORAS A MI IDEA

Las mejoras deben ser referentes a la función. Los aspectos estéticos no son relevantes en este punto del proyecto.

¡TIP!

¿Se puede mejorar tu idea? Si crees que puedes hacer ajustes o mejoras a tu idea inicial escribe los cambios.

MEJORA

09

....
....
....

MEJORA

10

....
....
....

MEJORA

11

....
....
....

MEJORA

12

....
....
....

MEJORA

13

....
....
....
....

MEJORA

14

....
....
....

MEJORA

15

....
....
....

MEJORA

16

....
....
....

MEJORAS A MI IDEA

Puedes inspirarte en
características tecnológicas de
tus productos favoritos.

¡TIP!

¡Es el momento de elegir! Escribe la idea que quieres convertir en un invento exitoso.

the
winner
is:

....

¡TIP!

Usa un nombre provisional que empiece a dar forma a tu proyecto. Pero no te preocupes por asignar una marca. Aun no es el momento.

¡**Describe tu idea!** Explica la función principal de tu invento y por qué es una gran solución.

Mi invento es:

....

y sirve para:

....

....

....

....

....

....

....

....

....

....

ESTE ES MI INVENTO

→

Es hora de patentar

¡Protege
tus derechos!

02

¡Ya tienes identificada una gran idea! Ahora vamos a preparar todo lo necesario para que puedas proteger tus derechos como inventor con una patente.

Necesitarás definir las partes de tu invento, el funcionamiento y realizar algunos dibujos para explicar tu proyecto al agente de patentes o asesor de propiedad industrial.

De la idea

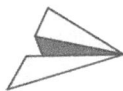

al papel

¡Dibuja tu invento! Puedes hacer algunos bocetos previos en estas página para aclarar tus ideas. Utilizar las páginas de la 32 a la 41 para los definitivos.

ACTIVIDAD

vista
anterior

vista
lateral

vista
superior

vista
posterior

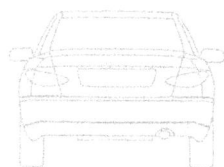

vista
mecanismo

vista
detalle

DIBUJOS

Vista

DIBUJOS

Vista

DIBUJOS

Vista

Vista

DIBUJOS

Vista

DIBUJOS

Vista

DIBUJOS

¡Define las parte que componen tu invento!
Escribe cada parte que compone tu producto, y la
función que cumple.

PARTE 1
■ FUNCIÓN

PARTE 2
■ FUNCIÓN

PARTE 3
■ FUNCIÓN

PARTE 4 ■ FUNCIÓN

....
....
....

PARTE 5 ■ FUNCIÓN

....
....
....

PARTE 6 ■ FUNCIÓN

....
....
....

PARTES VS. FUNCIÓN

¡No te detengas en características estéticas! Las partes importantes son las que hacen posible que tu invento funcione.

¡TIP!

PARTE 7 ■ FUNCIÓN

....

....

....

PARTE 8 ■ FUNCIÓN

....

....

....

PARTE 9 ■ FUNCIÓN

....

....

....

¡TIP! Recuerda no divulgar tu idea, hasta no tener realizada la solicitud de patente o modelo de utilidad.

PARTE 10

■ FUNCIÓN

....

....

....

PARTE 11

■ FUNCIÓN

....

....

....

PARTE 12

■ FUNCIÓN

....

....

....

PARTES VS. FUNCIÓN

☑ Innovador

☐ Confortable

☐ Seguro

☐ Wareable

☐ Portable

☐ Fácil de usar

☐ Cómodo

☐ Eco friendly

☐ Recargable

☐ Reutilizable

☐ Optimiza tiempos

☐ Optimiza Espacio

¡Enumera las ventajas de tu invento! Marca las características que hacen de tu invento un producto diferente, eficiente y competitivo en el mercado.

ACTIVIDAD

Otros

☐ ....

☐ ....

☐ ....

☐ ....

☐ ....

☐ ....

☐ ....

☐ ....

☐ ....

☐ ....

☐ ....

VENTAJAS

¿Qué hace competitivo a tu invento? Puedes partir de las características de productos similares u otras patentes que hayas encontrado en la búsqueda previa.

¡TIP!

10 preguntas y respuestas sobre cómo patentar tu invento

Para aclarar todas tus dudas sobre el registro de propiedad de tu invento, hemos preparado esta guía con las 10 preguntas y respuestas más importantes sobre el proceso de patente, sus ventajas y la importancia de la protección de tus derechos como inventor.

01 ¿Qué es una patente?

Es un título concedido al inventor de un producto innovador. Se trata de un documento que reconoce el derecho exclusivo a utilizar, explotar y vender su invento, y sobre todo, a impedir que terceros lo utilicen, fabriquen y pongan en el mercado sin su consentimiento. Este derecho no se adquiere automáticamente por tener la idea innovadora, sino que el inventor debe gestionar su reconocimiento presentando una solicitud de patente ante la autoridad competente. En el caso de España la solicitud se debe presentar ante la Oficina Española de Patentes y Marcas.

02 ¿Cómo registrar mi invento? ¿Patente o modelo de utilidad?

Todo producto innovador que se quiera registrar, debe cumplir el requisito de novedad, es decir que no se haya patentado o hecho público por otros medios.

Se registra como Patente de Invención: un procedimiento, un método de fabricación, una máquina o aparato, una formulación o un medicamento.

Se registra como Modelo de Utilidad: una mejora técnica, un utensilio, un instrumento, una herramienta, un aparato, un dispositivo o una parte del mismo es decir, invenciones mecánicas.

(El Modelo de Utilidad no es empleado en todos los países del Acuerdo Internacional de Patentes. Contacta con la Oficina de Patentes de tu país para verificar si existe este tipo de registro).

¡TIP! La asesoría de expertos en Propiedad Industrial te será de mucha utilidad a la hora de tomar decisiones.

03 ¿Cuáles son las diferencias entre patente y modelo de utilidad?

La patente:

» La duración de la protección es de 20 años.

» Para ser otorgada debe reunir tres requisitos: novedad, actividad inventiva y aplicación industrial. Estos requisitos son evaluados por la Oficina de Patentes en el Informe de Estado de la técnica.

» El procedimiento es más largo, estricto y costoso.

El modelo de utilidad:

» La duración de protección es de 10 años.

» Es un trámite más rápido y económico que la patente, enfocado en impulsar la innovación de PYMES, emprendedores e inventores particulares.

» El procedimiento del Informe del Estado de la Técnica no es obligatorio, por lo que se realiza a petición del inventor, por ejemplo cuando necesita iniciar procedimientos legales.

» Su concesión se realiza después de superar un periodo de dos meses de publicación, donde se reciben oposiciones de terceros que son analizadas por la Oficina de Patentes.

04 ¿Cuáles son los requisitos para patentar un invento?

Para que un invento pueda ser patentado, se tienen en cuenta tres requisitos básicos:

1. La novedad: no debe existir en ningún lugar del mundo. Por esto es importante que no publiques tu idea antes de tenerla registrada.
2. La actividad inventiva: tu invento no debe ser una solución evidente en la tecnología que propones.
3. La aplicación industrial: la fabricación de tu invento debe ser viable.

05 ¿Mi invento queda registrado a nivel internacional?

Cuando se solicita el registro de una invención, ya sea como Patente o como Modelo de utilidad, el inventor adquiere un **Derecho de Prioridad Internacional** de 12 meses. En la práctica ese derecho de prioridad constituye una protección internacional durante este período en los 153 países actualmente pertenecientes al convenio de patentes.

Debes tener en cuenta que la Prioridad Internacional empieza a contar a partir de la fecha de presentación de la solicitud de Patente o Modelo de Utilidad.

Por esto es ideal aprovechar este primer año de protección para iniciar acciones que te permitan encontrar aliados de tu interés y llevar tu invento al mercado.

06 ¿Qué derechos otorga la patente de un invento?

El inventor como titular de la patente tiene derecho a decidir quién puede fabricar o comercializar su invento durante el intervalo de tiempo que su invento esté protegido bajo Patente o Modelo de Utilidad. Es decir, que nadie puede hacer uso comercial y lucrarse con el invento sin que el inventor dé su consentimiento, ya que tiene el derecho exclusivo sobre su invención.

07 ¿Cuánto tiempo dura la protección de mi Patente o Modelo de Utilidad?

La Patente de Invención tiene una duración de 20 años a contar desde la fecha de la presentación de solicitud de registro. Una vez transcurrido este plazo, la invención pasará al dominio público. El modelo de utilidad tiene una duración de 10 años a contar desde la fecha de presentación de la solicitud de registro.
Recuerda que para que estos tiempos permanezcan vigentes, es necesario pagar las tasas de renovación anualmente.

Usa nuestra infografía para llevar el control del avance de tu patente.
(Página 56)

¡TIP!

08 ¿Necesito desarrollar un prototipo para poder patentar mi invento?

Las patentes y modelos de utilidad no requieren tener un prototipo desarrollado para ser concedidas. Lo fundamental es que tu invento cumpla los requisitos mencionados en el punto 4. Además, tener tu invento debidamente registrado te hará más fiable el proceso de contactar con ingenieros o expertos en prototipos y contarles tu idea sin correr el riesgo de que sea copiada.

09 ¿Qué es el Informe del Estado de la Técnica de la patente (IET)?

La realización del Informe del Estado de la Técnica, es un trámite obligatorio en el proceso de registro de la Patente pero no en el registro del Modelo de Utilidad. Este es un informe que realiza un experto de propiedad industrial de la Oficina de Patentes (en España OEPM), en el que recoge el resultado de la búsqueda de patentes y otros documentos técnicos a nivel internacional que puedan afectar la novedad de tu invento.

10 ¿Cuánto vale mi patente?

El valor de una patente depende de factores como: el mercado potencial, territorios de validez, el estado de la técnica y la importancia de la patente para sector, entre otros. El valor de una patente también se ve afectado por el desarrollo del invento, por ello tener pruebas de concepto, prototipos funcionales, visualizaciones 3D y una buena comunicación añade valor a tu patente.

INVENTO

! No la divulgues

Redacción
de la memoria técnica

MES 0

PRESENTACIÓN DE LA SOLICITUD DE PATENTE

Empieza la protección de tu invento con 12 meses de prioridad internacional

_ _ / _ _ / _ _

SI

NO

MES 12

PRESENTACIÓN SOLICITUD PCT

Cuentas con 18 meses más de prioridad internacional para hacer acuerdos a nivel mundial

_ _ / _ _ / _ _

En cuentra financiación en Ferias y/o Crowdfunding

Una vez hayas desarrollado la comunicación de tu invento, ¡Es el momento de buscar grandes negocios!

! Recuerda Trámite Fase Nacional

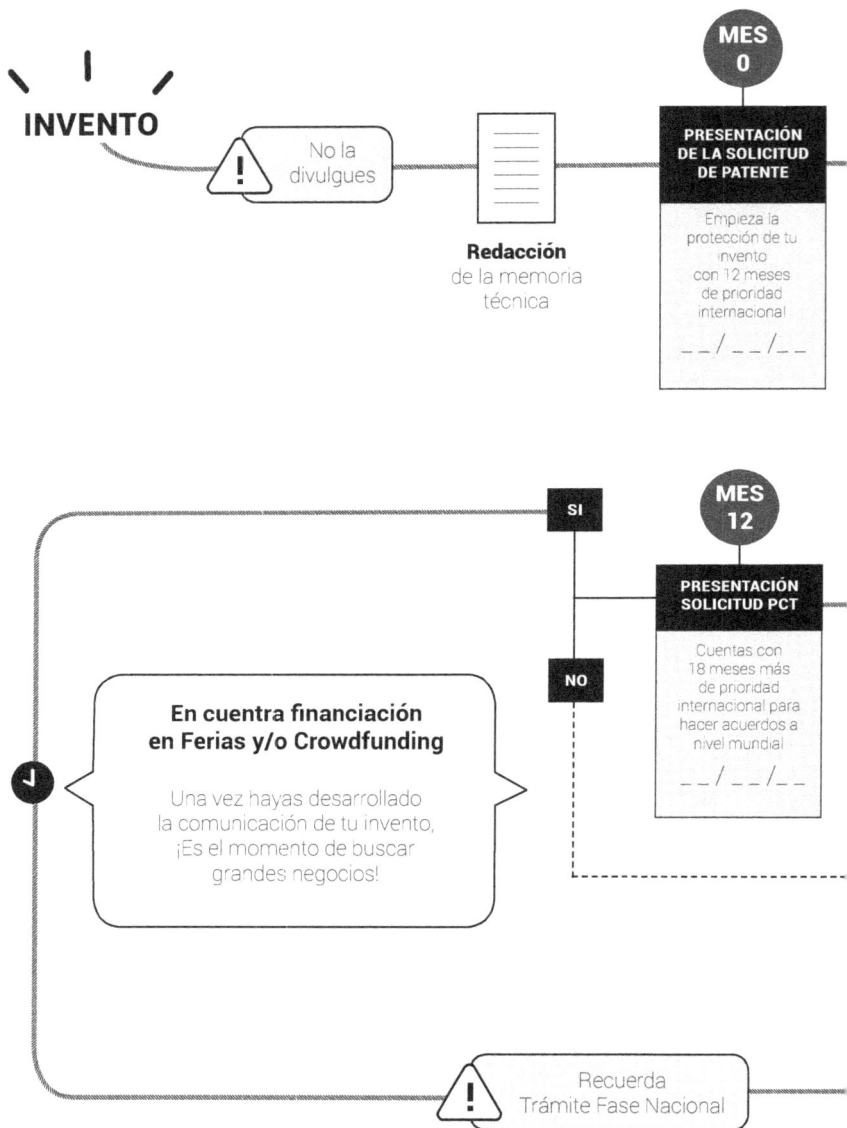

La vida de tu Patente

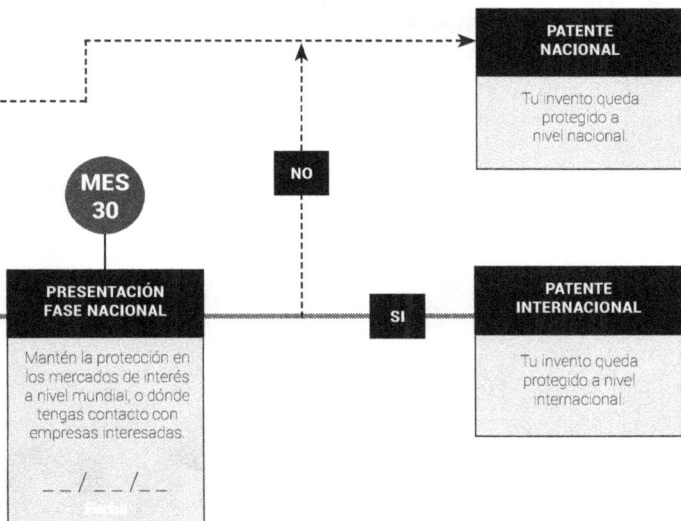

Consulta el estado del trámite

Desarrolla la comunicación de tu invento

Aprovecha la prioridad internacional para crear la comunicación de tu idea y así despertar el interés de posibles aliados.

Recuerda Trámite PCT

PATENTE NACIONAL

Tu invento queda protegido a nivel nacional.

MES 30

NO

PRESENTACIÓN FASE NACIONAL

Mantén la protección en los mercados de interés a nivel mundial, o dónde tengas contacto con empresas interesadas.

__ / __ / __

Fecha

SI

PATENTE INTERNACIONAL

Tu invento queda protegido a nivel internacional.

TIEMPO DE PROTECCIÓN: Patente: 20 años de protección
(pagando las anualidades)   Modelo utilidad: 10 años de protección

→

Da vida a tu invento

¡Es el momento de hacerlo realidad!

03

¡Existe un mundo de
oportunidades para tu patente!

La innovación mueve el
mundo y tú tienes un gran
invento patentado.
Es el momento de mostrar tu
invento al mundo de forma
profesional creando prototipos
o simulaciones virtuales,
y demostrar el potencial
de tu invento.

Desarrolla tu invento ¿Prototipo o Simulación 3D?

Una vez has protegido tu idea, ¡es hora de hacer tus sueños realidad! La manera de lograr un gran negocio, es desarrollar tu invento para presentarlo con un mensaje claro y una imagen atractiva que llegue a ojos de los posibles interesados en fabricar, distribuir y comprar tu patente.

Ahora que tienes una gran idea y tienes debidamente protegidos tus derechos, es de especial importancia dar la imagen adecuada a tu proyecto y mostrar las características de tu invento de una forma visual y atractiva para que inversores o posibles clientes noten con un simple vistazo la rentabilidad de tu idea.

La realización de prototipos funcionales es una de las formas más eficaces e impresionantes de cara a mostrar tu invento a inversores, aliados o clientes, ya que verifica su funcionalidad aumentando la confianza y el interés en tu idea innovadora.

En algunos casos por la complejidad del producto, la inversión en el desarrollo de un prototipo puede ser alta, por lo que lo más recomendado es realizar una simulación virtual del producto o infografía 3D que dará una imagen atractiva y realista.

A. ¿Qué es un prototipo?

Un prototipo es un modelo inicial de tu invento, una representación limitada del diseño de tu producto que permite llevar tu idea a la realidad con el propósito de verificar su funcionamiento, y comprobar que las partes y mecanismos que has planeado para tu invento son los correctos para cumplir su objetivo.

¡TIP!

Los dibujos que has realizado para la patente (pág. 32 - 41) son una buena base para estudiar la complejidad de tu invento de cara a la realización de un prototipo.

B. ¿Qué es una simulación virtual?

Una simulación virtual (o también conocida como 3D) es una visualización de tu invento realizada por ordenador, que permite explicar las partes, mecanismos y características del producto y explicar su funcionamiento y ventajas. La simulación del producto es tridimensional y tiene movimiento, por lo que permite apreciar el invento de forma detallada y muy realista.

La calidad de la simulación virtual es clave en la atención que pueda atraer tu invento.
¡Cuanto más realista mejor!

¡TIP!

A continuación te explicamos las características más relevantes a tener en cuenta en el desarrollo de tu invento. Esto te puede ayudar a elegir la mejor opción para dar vida a tu invento y empezar a promocionarlo.

Prototipo

NECESIDAD DE INVERSIÓN

Los prototipos requieren mayor inversión debido a la necesidad de construir partes únicas a medida.

PRUEBAS Y MEJORAS FUNCIONALES

Podrás usar el producto verificar el funcionamiento y hacer mejoras.

COMUNICACIÓN CLARA Y EFECTIVA

Tus posibles socios o inversores podrán hacer pruebas y validar el producto.

REALIZACIÓN DE CAMBIOS AL DISEÑO

Las modificaciones requieren inversión adicional en materiales e ingeniería.

GASTOS ADICIONALES

Al tener un prototipo tendrás que invertir en un vídeo y fotografía profesional para mostrarlo en tu comunicación.

PRODUCTO LISTO PARA VENDER

No. Los prototipos son unidades únicas, tendrás que hacer el proceso de fabricarlo en serie para ponerlo en el mercado.

Simulación

¿Cuál eliges?

Es una alternativa económica para visualizar nuevos productos con mucha calidad.

(P)----(S)

Son imágenes, no puedes usar el invento en la vida real.

(P)----(S)

Una simulación virtual permite ver el producto con la apariencia final.

(P)----(S)

Las modificaciones son económicas y se realizan muy rápido.

(P)----(S)

No. La simulación virtual se realiza en vídeo e imágenes listas para integrarlas a tu web.

(P)----(S)

No. Puedes saber cómo se verá el producto terminado, pero aún falta mucho camino para producirlo.

(P)----(S)

Lee las características de cada alternativa, y marca **P** si te conviene más un prototipo o **S** si la simulación virtual es la mejor opción para tu producto.

ACTIVIDAD

Prototipo

Pide un presupuesto a expertos en desarrollo de prototipos. A la hora de solicitarlo, ten en cuenta las unidades que quieres, el material y los mecanismos necesarios para poner en funcionamiento tu invento.

PRESUPUESTO 1

....

....

....

PRESUPUESTO 2

....

....

....

PRESUPUESTO 3

....

....

....

Simulación virtual

Pide un presupuesto a expertos en desarrollo de simulaciones virtuales o ilustradores 3D. A la hora de solicitarlo, ten en cuenta la cantidad de clips de animación, la duración del vídeo y la variedad de mecanismos que presenta tu invento.

PRESUPUESTO 1

....

....

....

PRESUPUESTO 2

....

....

....

PRESUPUESTO 3

....

....

....

PRESUPUESTOS

Planea el vídeo de tu invento

¡Una herramienta fundamental de difusión!

Si desarrollas un prototipo, el siguiente paso es ponerlo en acción en un vídeo que presente la funcionalidad de tu invento.

Si desarrollas tu invento con una simulación virtual, planear cómo será el vídeo será de gran utilidad para explicar al animador 3D cómo quieres que sea presentado tu producto.

¿Qué es?

DESCRIPCIÓN

....

....

....

....

....

¡Crea el vídeo para tu invento! Completa la información y menciona lo que debe aparecer en el vídeo para destacar la innovación de tu invento.

ACTIVIDAD

¿Cómo funciona?

VÍDEO DE MI INVENTO

PARTES

....
....
....
....
....

¿Cuáles son sus ventajas?

VENTAJAS

....
....
....
....
....

Se breve en la información y céntrate
en lo más importante.

¡TIP!

¡Planea el vídeo para tu invento! Completa la información y menciona lo que debe aparecer en el vídeo para destacar la innovación de tu invento.

¿Cómo se usa?

CONTEXTO DE USO

....

....

....

....

....

¿Dónde me contactan?

CONTACTO

....

....

....

....

....

¡TIP!

La imagen es un factor fundamental a la hora de atraer clientes, y los inventos no son la excepción.

ACTIVIDAD

¡Define el guión de tu vídeo! Nosotros te proponemos un orden, pero tú puedes definir el guión que más convenga a tu invento.

GUIÓN EJEMPLO

1. Descripción

2. Partes

3. Ventajas

4. Contexto de uso

5. Datos de contacto

GUIÓN 2

1.

2.

3.

4.

5.

GUIÓN 3

1.

2.

3.

4.

5.

Seguir un guión te servirá para crear un vídeo atractivo y con un mensaje claro.

¡TIP!

ACTIVIDAD

¡Crea tu vídeo! Describe las escenas que conformaran el vídeo de tu invento.

ESCENA 1

Describe aquí la escena: los elementos que salen,

las acciones que ocurren, etc.

ESCENA 2

ESCENA 3

VÍDEO DE MI INVENTO

Duración estimada:

.... segundos.

Escribe aquí la frase que acompañará la imagen.
....
....

Duración estimada:

.... segundos.

....

....

Duración estimada:

.... segundos.

....

....

73

Si vas a realizar un prototipo, planea aquí cómo será el vídeo promocional de tu invento.

¡**TIP!**

ESCENA 4

....

....

....

....

ESCENA 5

....

....

....

....

ESCENA 6

....

....

....

....

Si vas a realizar una simulación virtual,
explica al animador 3D cómo quieres
que sea tu vídeo.

Duración
estimada:

.... segundos.

....

....

Duración
estimada:

.... segundos.

....

....

Duración
estimada:

.... segundos.

....

....

VÍDEO DE MI INVENTO

ESCENA 7

....

....

....

....

ESCENA 8

....

....

....

....

ESCENA 9

....

....

....

....

Para definir cómo será la imagen del vídeo
puedes hacer dibujos, pero también puedes
usar recortes o fotografías.

¡TIP!

Duración
estimada:

.... segundos.

Duración
estimada:

.... segundos.

Duración
estimada:

.... segundos.

VÍDEO DE MI INVENTO

¡TIP! Emplea textos cortos, concretos para
acompañar la imagen del vídeo. Ten en
cuenta que tienen que poderse leer.

ESCENA 10

....

....

....

....

ESCENA 11

....

....

....

....

ESCENA 12

....

....

....

....

Duración
estimada:

.... segundos.

....
....

Duración
estimada:

.... segundos.

....
....

Duración
estimada:

.... segundos.

....
....

VÍDEO DE MI INVENTO

→

Comunica como un profesional

¡Emociona a tus futuros
socios, aliados e inversores!

04

Es el momento de crear una comunicación atractiva, concreta, simple y muy clara, capaz de mostrar el potencial de tu idea.

Vamos a enseñarte cómo hacerlo con herramientas gratuitas y una guía de diseño preparada por expertos en comunicación de productos innovadores.

¡Crea tu web!

Una web es la herramienta de comunicación básica para que compartas la información completa de tu invento. Te permitirá tener un escaparate donde personas, medios de comunicación y empresas de todo el mundo pueden conocer tu producto.

Una vez construido el prototipo o infografía 3D, ¡muéstralo al mundo!

Con una web puedes presentar un resumen comercial de tu producto en el que consten diferentes apartados respondiendo a las preguntas fundamentales: ¿Cuál es el objetivo de tu invento?, ¿Cuáles son sus funciones?, ¿Cuáles son sus características? ¿Cuáles son sus ventajas? y ¿Qué ofreces a quienes inviertan en él? Es muy importante que sea una web contemporánea, visual, coherente, ordenada y práctica para que quien la lea se encuentre cómodo y atraído hacia tu idea innovadora.

Recuerda que los 12 meses de prioridad de tu patente pasan muy rápido. Empieza a trabajar lo antes posible en la comunicación de tu invento.

¡TIP!

¡La imagen es fundamental! Elije y pega fotos de tu prototipo o imágenes de tu simulación virtual que van a aparecer en la web de tu invento.

WEB DE MI INVENTO

LOGOTIPO

Nombre de tu invento
Eslogan de tu marca

Foto de tu producto

¡TIP! Deja volar tu creatividad y dale la mejor imagen de presentación a tu producto.

Menú de navegación

Divide la información en sección y facilita el acceso.

Cabecera

Es lo primero de tu proyecto que verán los visitantes.

Cuerpo

Aquí dispondrás la información fundamental de tu invento.

Formulario e información de contacto

Facilitarás la información del estado de tu patente, y la posibilidad de que te contacten al instante.

WEB DE MI INVENTO

Menú de navegación

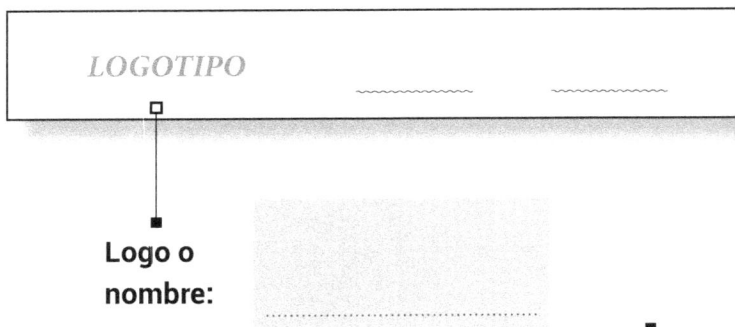

LOGOTIPO

Logo o nombre:

¡TIP!

Incluir la marca o nombre de tu invento en esta sección ayuda a generar recordación sobre el producto promocionado desde el primer vistazo.

Además puedes consultar la información de la página 107 para aprende a elegir el dominio de tu web.

¡Define las secciónes de tu web! Escribe las secciones de la información, e incluye la gráfica de tu marca o el nombre de tu invento.

ACTIVIDAD

Idiomas

ES

Secciones:

WEB DE MI INVENTO

Incluye los apartados necesarios y no
te excedas. Así evitarás que el usuario
se pierda tratando de encontrar la
información que busca.

¡TIP!

Cabecera

Nombre de tu invento ▫

Eslogan de tu producto ▫

¡Diseña la presentación de tu invento! Completa los datos de esta página , dibuja o pega fotos y has pruebas de cómo se vería tu web.

ACTIVIDAD

Imagen de tu invento

Si tu invento cuenta con prototipo, incluye una foto profesional en esta sección.

Si tienes una simulación virtual, eligen una imagen destacada para presentar tu producto.

WEB DE MI INVENTO

¡TIP!

¡Elije una imagen atractiva, que atrape al espectador! También puedes usar un clip de vídeo muy corto o un gif.

Cuerpo

¿Qué es .... **?**

Vídeo de tu producto

¡**Describe tu invento!** Escribe una breve explicación sobre cuál es la innovación que presentas.

ACTIVIDAD

¿Qué es .... ?

....

....

....

....

....

....

....

....

....

....

....

....

....

....

....

....

WEB DE MI INVENTO

¡Usa el vídeo de tu producto! Así el
visitante de tu web puede ver claramente y
en poco tiempo cuál es tu invento.

¡TIP!

....

....

....

....

....

....

....

....

....

....

....

....

....

....

....

....

....

¡Describe tu invento! Utiliza este espacio para hacer correcciones o modificaciones a tu explicación..

ACTIVIDAD

....

....

....

....

....

....

....

....

....

....

....

....

....

....

....

....

....

....

....

....

....

WEB DE MI INVENTO

Cuerpo

Cómo funciona ....

Imagen de
funcionamiento

Imagen de
uso

¡Explica el funcionamiento del producto! Describe el
mecanismo o la tecnología usada por tu invento para
cumplir su función.

ACTIVIDAD

....

....

....

....

....

....

....

....

....

....

....

....

....

....

....

....

....

....

¡Sé breve! Seguramente hay muchas cosas positivas que quieres decir sobre tu invento, pero cuanto más claro y consiso seas en tu explicación ¡mucho mejor!.

¡*TIP!*

....

....

....

....

....

....

....

....

....

....

....

....

....

....

....

....

....

....

¡Explica el funcionamiento del producto! Utiliza este espacio para hacer correcciones o modificaciones a tu explicación.

ACTIVIDAD

Dividir la información en apartados te ayudará a ser más claro en lo que quieres explicar.

WEB DE MI INVENTO

....
....
....
....
....
....
....
....
....
....
....
....
....
....
....
....
....
....

Cuerpo

Ventajas de ....

Imagen de
mi invento

01
~~~~~~~~~~~~~~~~
~~~~~~~~~~~~~~~~
~~~~~~~~~~~~~~~~
~~~~~~~~~~~~~~~~
~~~~~~~~~~~~~~~~
~~~~~~~~~~~~~~~~

02
~~~~~~~~~~~~~~~~
~~~~~~~~~~~~~~~~
~~~~~~~~~~~~~~~~
~~~~~~~~~~~~~~~~
~~~~~~~~~~~~~~~~
~~~~~~~~~~~~~~~~

03
~~~~~~~~~~~~~~~~
~~~~~~~~~~~~~~~~
~~~~~~~~~~~~~~~~
~~~~~~~~~~~~~~~~
~~~~~~~~~~~~~~~~
~~~~~~~~~~~~~~~~

04
~~~~~~~~~~~~~~~~
~~~~~~~~~~~~~~~~
~~~~~~~~~~~~~~~~
~~~~~~~~~~~~~~~~
~~~~~~~~~~~~~~~~
~~~~~~~~~~~~~~~~

¡Explica las ventajas que hacen único tu producto!
Enumera las ventajas más importantes de tu invento
con una breve explicación.

ACTIVIDAD

....

....

....

....

....

....

....

....

....

....

....

....

....

....

....

....

Te será de gran ayuda usar las ventajas
que escribiste en la página 47.
Elije las ventajas más
representativas de tu invento.

¡TIP!

....

....

....

....

....

....

....

....

....

....

....

....

....

....

....

....

....

....

....

¡Explica las ventajas que hacen único tu producto!
Utiliza este espacio para hacer correcciones o
modificaciones a tu explicación.

ACTIVIDAD

....

....

....

....

....

....

....

....

....

....

....

....

....

....

....

....

....

....

....

Información de la patente

Contáctanos

.... cuenta con patente
vigente. Los derechos de explotación
de la patente están disponibles para su
negociación o licencia. Se trata de una gran
oportunidad para inversor o empresas en
busca de nuevos mercados con productos
innovadores.

Si está interesado en obtener información
más detallada, contacte con nosotros
a través de nuestro formulario, o
escribiéndonos a

....

¡Dirigite a tus posibles aliados! Completa los datos de
este mensaje para informar a empresas e inversores
sobre el estado de tu patente.

ACTIVIDAD

¡Otra opción de mensaje! Si el anterior mensaje no te convence, escribe un mensaje a empresas e inversores con tus propias palabras.

....

....

....

....

....

....

....

....

....

....

....

....

....

....

....

....

WEB DE MI INVENTO

Formulario de contacto

Contáctanos

Nombre

Correo electrónico

Teléfono

Asunto

Mensaje

Enviar

¡Permite que te contacten! Diseña un formulario de contacto para que tus posibles aliados, empresas o clientes interesados te escriban y dejen sus datos.

ACTIVIDAD

¿Qué dominio elegir para mi web?

Un dominio es la dirección con la cual te van a encontrar en internet, es importante que sea simple y de fácil recordación.

Para los inventos es recomendable que el dominio sea descriptivo y permita prever cual es el producto. Esto ayudará a que te encuentren fácilmente en las búsquedas de internet. Por ejemplo, si tu invento es un "coche volador", intenta registrar el dominio *cochevolador.com* o su versión en inglés *flyingcar.com*.

En caso de que el dominio que más te gusta esté reservado o esté a la venta por muy alto precio, puedes probar agregando guiones como *flying-car.com* o algún prefijo como: *i, the, alpha, beta, buy, get, go, live, neo, pro*. Así por ejemplo tendrías un dominio como *iflyingcar.com* o *theflyingcar.com* que puede ser ideal para tu proyecto.

Existen herramientas online para combinar palabras y encontrar el nombre de dominio perfecto para nuestro invento por ejemplo: www.bustaname.com o www.instantdomainsearch.com entre otras.

Si ya tienes una buena idea par tu dominio, debes comprarlo en una empresa dedicada al registro y con autorización para realizarlo. Algunas de las más conocidas son: www.godaddy.com / www.namecheap.com o www.hostalia.com.

→

Vende tu invento

¡Convierte tu idea
en un gran negocio!

05

Es el momento de contactar con fabricantes, distribuidores, inversores o aliados que te ayuden a llevar tu invento al mercado. Los medios actuales te permiten llegar muy lejos con tu mensaje aplicando simples estrategias en las que te vamos a guiar a continuación.

¡Sorpresa! Te compartimos un directorio exclusivo de inversores y plataformas de crowdfunding.

Contacta con potenciales clientes

Seguramente tienes en tu cabeza los clientes, empresas, inversores y aliados a los que te gustaría presentar tu invento con el propósito de iniciar algún tipo de acuerdo comercial.

Una de las estrategia más efectivas para presentar tu invento a empresas o instituciones es a través de la comunicación directa: enviando un correo electrónico. Se trata de contactar con las empresas, o aliados de tu interés con un mensaje que atrape su interés y transmita en una lectura rápida las ventajas y alto potencial de tu invento.

Este es un excelente canal de comunicación con el que puedes medir el interés que despierta tu idea de negocio, ya que recibirás respuesta directa de los aliados de tu interés, podrás resolver sus dudas y construir una relación de confianza a mediano y largo plazo.

¡El mensaje es lo primero! Completa el siguiente ejemplo y construye el mensaje para contactar con posibles interesados en tu invento

Buenas tardes .... *(incluye el nombre del responsable o empresa)*

Nos dirigimos a usted para darle a conocer el sistema patentado ....
(nombre del invento).

Se trata de un sistema de última tecnología para:

....

....

....

que gracias a su novedoso sistema de

....

logra ....

....

....

(incluye las ventajas principales).

Nuestro sistema fue seleccionado o destacado en ....

....

(indica si tienes apariciones en prensa).

Le invitamos a visitar..
(indica tu web) para visualizar y conocer las
ventajas de ....

Actualmente, estamos buscando aliados para
completar el desarrollo final del producto y su
puesta en el mercado.

El producto cuenta con patente vigente,
disponemos de prototipos demostrativos
funcionales *(en caso de que los tengas)* y los
derechos de explotación están disponibles
para acuerdos de licencia o cesión total.

Quedo a su disposición para ampliar cuanta
información estime oportuna.

Un cordial saludo.

....
Inventor
Web: ....
Email: ....
Tel: ....

MENSAJE DE CONTACTO

Crea un mensaje concreto incluyendo
enlace a tu web, y tus datos de contacto.

¡TIP!

¡No te detengas! Escribe otros modelos de mensajes que se te ocurran.

....

....

....

....

....

....

....

....

....

....

....

....

....

....

....

....

....

....

....

....

MENSAJE DE CONTACTO

¡No te detengas! Escribe otros modelos de mensajes que se te ocurran.

....

....

....

....

....

....

....

....

....

....

....

....

....

....

....

....

....

....

....

¿Con quién quieres hacer negocios? Crea tu directorio de empresas que puedan estar interesadas en tus derechos de patente.

EMPRESA	CONTACTO	WEB	NOTAS

EMPRESA	CONTACTO	WEB	NOTAS

CLIENTES Y ALIADOS

Buscar las empresas en internet, catálogos impresos y revisando las marcas de tus productos favoritos.

¡TIP!

EMPRESA	CONTACTO	WEB	NOTAS

EMPRESA	CONTACTO	WEB	NOTAS

CLIENTES Y ALIADOS

EMPRESA	CONTACTO	WEB	NOTAS

EMPRESA	CONTACTO	WEB	NOTAS

CLIENTES Y ALIADOS

EMPRESA	CONTACTO	WEB	NOTAS

EMPRESA	CONTACTO	WEB	NOTAS

CLIENTES Y ALIADOS

Crea una estrategia de influencers

Las redes sociales son la mejor herramienta para ampliar la difusión de tu invento y conectar con personas alrededor del mundo que pueden ayudarte a promover y vender tu invento. Crea perfiles para tu proyecto en las más importantes y utilízalas con todo su potencial.

¿Qué es un influencer?

Un Influencer es una persona activa en las redes sociales que cuenta con con un grupo de seguidores significativo que siguen sus publicaciones en un tema particular.

¿Qué es una estrategia de influencers?

Es una novedosa estrategia de marketing destinada a identificar en las redes sociales los perfiles que tienen influencia en un sector y contactarlos para lograr una red de vínculos que compartan información en sus redes y amplíen de forma viral la cantidad de personas que van a conocer e interesarse por tu invento.

Tu lista de influencers puede incluir: periodistas especializados, líderes de opinión, empresas del sector y blogueros.

¿Cómo contactar a los influencers?

Usa las redes sociales de tu invento. compartiendo información donde incluyas una llamada de atención al influencer. También puedes enviar mensajes privados o incluso comentar publicaciones de los influencers para recibir su atención

Redes sociales de mi invento

Instagram: ....
Facebook: ....
Pinterest: ....
Twitter: ....
Linkedin: ....

¡Déjate ver! Crea tus perfiles en redes sociales para tu proyecto. No hace falta que las tengas todas, elije la que más te guste y funcione para tu proyecto.

ACTIVIDAD

¡Preséntate en las redes! Escribe una descripción corta de tu invento y determina que información de perfil incluirás en tus redes sociales.

....

....

....

....

....

....

....

....

....

....

....

....

....

....

....

....

INFLUENCERS

Iniciar contactando a *influencers* con 5.000 o más seguidores activos.

¡TIP!

INFLUENCER	CONTACTO	SECTOR	NOTAS
	....		
	....		
	....		
	....		
	....		
	....		
	....		
	....		
	....		
	....		

INFLUENCER	CONTACTO	SECTOR	NOTAS

INFLUENCERS

INFLUENCER	CONTACTO	SECTOR	NOTAS

INFLUENCER	CONTACTO	SECTOR	NOTAS

INFLUENCERS

Directorio de Business Angels

Los Business Angels desempeñan un rol fundamental en el crecimiento del ecosistema emprendedor, brindando apoyo económico y su experiencia para la puesta en marcha y el crecimiento de ideas innovadoras.

Los Business Angels son personas que invierten por decisión propia en ideas de negocio de startups, empresas y emprendedores emergentes a cambio de una participación de capital en el futuro crecimiento del negocio.

Aunque pueden invertir en cualquier etapa de desarrollo del proyecto, lo más usual es que jueguen un papel determinante en la creación de empresas innovadoras ya que apoyan a los emprendedores en las fases iniciales de lanzamiento de su idea y consolidación del negocio.

A continuación compartimos contigo un listado de Business Angels españoles. Puedes agregar a la lista otros de tu interés.

NOMBRE	TRAYECTORIA	CONTACTO
ADEYEMI AJAO	*Co-fundador de Base10 Partners Co-fundador de empresas como Tuenti, Identified y Gabify.*	**LINKEDIN** *adeyemiajao*
ALBERT ARMENGOL	*Fundador de Doctoralia. Como inversor sobretodo se interesa por sectores de Internet y Healthcare.*	**LINKEDIN / TWITTER** *albertarmengol*
ALBERTO BENBUNAN	*Mobile & eCommerce Expert. Director General de Mobile Dreams Factory. Profesor en el IE Business school.*	**LINKEDIN / TWITTER** *abenbunan @betobetico*
ALBERTO KNAPP	*Fundador de The Cocktail. Profesor en el IE Business. Mentor en Seedrocket y Wayra.*	**LINKEDIN / TWITTER** *albertoknapp*
ALEXIS BONTE	*Cofundador y CEO de eRepublik Labs. Director de operaciones del grupo Stillfront.*	**LINKEDIN / TWITTER** *alexisbonte*
AQUILINO PEÑA	*Socio fundador de Kibo Ventures: Fondo de capital riesgo para inversión en emprendedores y startups digitales.*	**LINKEDIN / TWITTER** *aquilinopena @Aquilino*
AXEL SERENA	*Creador de Intercom y mentor en Founders Institute. Inversor a través de Alva House Capital y Alva Ventures.*	**LINKEDIN / TWITTER** *axelserena*
BERNARDO HERNÁNDEZ	*Cofundador de Idealista. Venture Partner en e.Ventures. Presidente ejecutivo de Citibox y de Verse, Inc.*	**LINKEDIN / TWITTER** *bernardohernandez @BernieHernie*
CARLOS BLANCO	*Mejor Business Angel 2014 por los premios AEBAN. Fundador de la incubadora Grupo ITnet.*	**LINKEDIN / TWITTER** *carlosblanco*

NOMBRE	TRAYECTORIA	CONTACTO
CARLOS DOMINGO	*Experto en innovación, criptoeconomía e internet de las cosas. Fundador de SPiCE VC.*	**LINKEDIN / TWITTER** *carlosdomingo*
CESAR BARDAJI	*Miembro del IESE BAN y de ESADE BAN. Inversor de Top Doctors, Barkibu, Nootric, Apartum, entre otras.*	**LINKEDIN / TWITTER** *cesarbardaji* *@BardajiC*
ENEKO KNÖRR	*Mentor en Seedrocket y BIND 4.0. Mejor Business Angel 2018 por los premios AEBAN.*	**LINKEDIN / TWITTER** *enekoknorr*
FRANÇOIS DERBAIX	*Co-fundador de Indexa Capital. Mentor e inversor en Seedrocket, la AIEI y Plug and Play.*	**LINKEDIN / TWITTER** *fderbaix*
GONZALO RUIZ UTRILLA	*Fundador de FinancialRed, Cursos. com, entre otras. Inversor en sharing economy, contenidos, media y fintech.*	**LINKEDIN / TWITTER** *gonzaloruizutrilla* *@cangurorico*
HÉCTOR MORELL	*Fundador de Morell Ventures. Inversor en la red de Bussines Angels InnoBAN,*	**LINKEDIN / TWITTER** *hectormmorell*
IGNACIO VILELA	*Fundador de Startcaps Ventures. Inversor de Stripe, Okta, Rappi, Shipbob y Cohesity*	**LINKEDIN / TWITTER** *nachovilela*
IKER MARCAIDE	*Fundador de Zubi Labs. Inversor de Offgrid, Artax Biopharma, Helloumi, entre otras startups..*	**LINKEDIN / TWITTER** *ikermarcaide*
IÑAKI ARROLA	*Fundador de Coches.com. Fundador de los fondos de capital riesgo Vitamina K y K-Fund.*	**LINKEDIN / TWITTER** *Inakiarrolla* *@arrola*

BUSINESS ANGELS

NOMBRE	TRAYECTORIA	CONTACTO
IÑAKI ECERRANO	*Es CEO y co-fundador deTrovit. Experto en gestión de empresas digitales.*	**LINKEDIN** *inakiecenarro*
JAVIER CEBRIÁN	*CEO y fundador de Bonsai Venture Capital. Inversor de Wedding Wire, Wallapop, Gigas, Glovo, entre otras.*	**LINKEDIN / TWITTER** *cebrianmonereo*
JOSÉ LUIS VALLEJO	*Presidente y CEO de Sngular. Fundador de BuyVIP. Inversor de LolaMarket, Belbex, entre otras.*	**LINKEDIN / TWITTER** *jlvallejo*
MARCOS ALVES	*CEO y fundador de El Tenedor. Inversor de Iglobalmed, We Are Knitters, Oviceversa o DADA*	**LINKEDIN / TWITTER** *Marcosalvescardoso* *@malvescardoso*
MAREK FODOR	*Co-fundador de Atrapalo. Invierte en empresas tech como Coches.com, Abaenglish, Peertransfer, entre otras.*	**LINKEDIN / TWITTER** *marekfodor* *@fodor*
MICHAEL KLEINDL	*Consejero de Ticketea, Clintu, Pippa&Jean, Percentil, entre otras. Inversor de Zanox, Buy VIP, Adcloud.*	**LINKEDIN / TWITTER** *michaelkleindl* *@michael_kleindl*
MIGUEL ARIAS	*COO deCartoDB. Co-fundador de Chamberí Valley. Inversor de Personall, Reclamador y Dada Company.*	**LINKEDIN / TWITTER** *miguelarias* *@mike_arias*
PACO GIMENA	*Co-fundador de la aceleradora Mola a través de la que ha invertido en Habitissimo, Petcoach y 68 proyectos más.*	**LINKEDIN** *pacogimena*
RAFAEL GARRIDO	*Co-fundador de Vitamina K y eShop Ventures. Profesor de IE Business School.*	**LINKEDIN / TWITTER** *rafagarrido* *@rafaelgarrido*

NOMBRE	TRAYECTORIA	CONTACTO
SIXTO ARIAS	*Co-fundador de Movilisto, Mobext, Edunext y Made in Mobile. Socio de la aceleradora Conector Statup Accelerator.*	**LINKEDIN** *sixto*
TOMÁS GUILLÉN	*Director del Grupo IFEDES, y, Presidente Fundador de la Asociación Big BanAngels.*	**LINKEDIN** *tomasguillenifedes*
VICENTE ARIAS	*CEO de Offerum y Coverty. Co-fundador de Softonic. Inversor de Enalquiler, Salir, Iberestudios y Anpro21.*	**LINKEDIN / TWITTER** *vicentearias*

BUSINESS ANGELS

NOMBRE	TRAYECTORIA	CONTACTO

NOMBRE	TRAYECTORIA	CONTACTO

BUSINESS ANGELS

Directitorio de plataformas de crowdfunding

El Internet y las nuevas formas de comunicación ponen a disposición del inventor o emprendedor una alternativa diferente para financiar sus ideas, inventos y proyectos innovadores: se trata del crowdfunding.

El crowdfunding o financiación colectiva es una actividad de promoción de un proyecto innovador que tiene como objetivo reunir dinero para su desarrollo y pre lanzamiento al mercado.

Se trata de un grupo de personas que de manera individual apoyan económicamente un proyecto innovador a cambio de recompensas, participaciones o de forma altruista.

Su funcionamiento pone en contacto directo al inventor con personas que desean apoyar su proyecto con pequeñas o medianas aportaciones económicas a cambio de recompensas, como por ejemplo unidades de producto.

¿Cómo funciona el crowdfunding?

1. El emprendedor (creativo / Inventor / desarrollador de app) publica el proyecto en la plataforma de crowdfunding indicando de qué trata el proyecto, la cantidad de dinero que necesita y las recompensas que ofrece.

2. Se publica el proyecto por un tiempo determinado en la plataforma seleccionada durante 30, 60, 90 o 120 días.

3. El inventor debe realizar un gran esfuerzo de difusión durante la duración de la campaña apoyándose en redes sociales, notas de prensa, correo electrónico, etc.

4. Al finalizar el plazo, si el proyecto recibe el monto económico solicitado, el inventor puede hacer uso del dinero para poner en marcha el proyecto y recompensar a sus financiadores.

5. Este esquema varía en función del tipo de crowdfunding del que estemos hablando:

Tipos de crowdfunding

A. **De recompensas:**

En este tipo de crowdfunding los creadores ofrecen un producto o servicio en recompensa a la aportación económica que realiza cada persona. Esta recompensa se entrega habitualmente luego del periodo de fabricación y corresponde con unidades del producto que se financia.

- **Kickstarter**: es el crowdfunding más popular a nivel internacional y nacional. Abarca todo tipo de proyectos.

- **Indiegogo**: es otro de los crowfunding más populares. Destaca porque puedes recaudar dinero aunque no llegues a la cantidad final que hayas propuesto como objetivo.

- **Verkami:** una de las plataformas líderes en Europa. Abarca sobretodo proyectos artísticos o reivindicativos.

- **Goteo:** es más que un crowdfunding. Es una fundación que promueve sobretodo proyectos sociales.

CROWDFUNDING

- **Lánzanos:** plataforma de crowdfunding popular en España, promueve todo tipo de proyectos.

- **Ulule**: pioneros en el crowdfunding desde 2010, Ulule se ha convertido en la plataforma líder de proyectos de impacto positivo.

B. **De donaciones:**

No ofrecen ningún producto o servicio en recompensa a la aportación, por lo tanto la persona pasa a ser donante altruista del proyecto.

- **Migranodearena:** crowfunding popular a nivel nacional. Permite recaudar fondos para causas solidarias aunque no lleguen al objetivo inicial establecido.

- **Crowdrise:** plataforma de crowdfunding internacional, apoya todo tipo de proyectos solidarios, permite también crear equipos de colaboradores.

C. **De inversión**

Ofrecen una participación en el capital o bien beneficios del proyecto a las personas que aportan los fondos. De esta forma, estas personas pasan a ser inversores del proyecto.

- **Crowdcube:** inversores nacionales que apoyan a las empresas más innovadoras y refrescantes.

- **The Crowd Angel:** plataforma de crowdfunding dirigida a emprendedores y startups.

D. **De préstamos:**

Los financiadores actúan como prestamistas del proyecto ya que la financiación requiereser retornada

- **Arboribus:** plataforma de inversores destinada a pequeña y mediana empresa.

- **Kiva:** plataforma de inversores destinada a proyectos y personas con menos posibilidades económicas.

- **ECrowd Invest:** presta pequeñas cantidades de dinero a cambio de un retorno financiero estipulado en un contrato de préstamo.

$\longrightarrow$

Recursos útiles

¡Todo bajo control!

06

¡Llamadas, nuevos contactos, reuniones o simplemente algo que no quieres olvidar!

En esta sección tienes el espacio para ordenar tu información y recordarlo todo. Además te incluimos un práctico glosario para resolver todas tus dudas.

¡No pierdas los mejores contactos! Escribe el contacto de empresas, entidades o personas que puedes ser de apoyo para tu proyecto.

Oficina Española De Patentes Y Marcas

Teléfono: (+34) 902 15 75 30 / (+34) 910 78 07 80
Correo electrónico: informacion@oepm.es
Web: www.oepm.es

Promoingenio

Teléfono: (+34) 930 15 14 13 / (+34) 675 59 48 24
Correo electrónico: info@promoingenio.com
Web: www.promoingenio.com

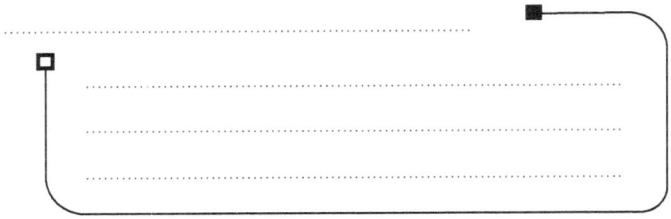

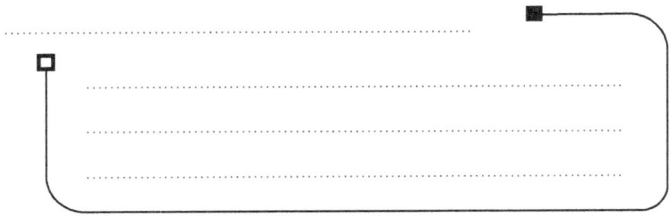

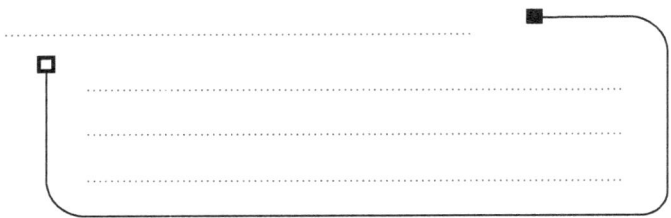

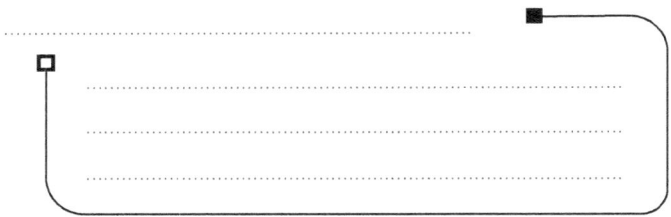

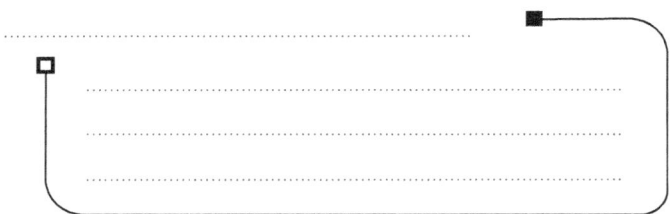

DIRECTORIO

¡Que no se te olvide nada! Utiliza la agenda para apuntar las llamadas, reuniones y citas para que no se te escape nada.

🗓	🕐	📄	📞	
Febrero 6	12:00h	Llamar a Promoingenio	(+34)675594824	☑
				☐
				☐
				☐
				☐
				☐
				☐
				☐
				☐
				☐
				☐
				☐
				☐
				☐
				☐
				☐

📅	🕐	📄	📞	
....	....:....	....	....	☐
....	....:....	....	....	☐
....	....:....	....	....	☐
....	....:....	....	....	☐
....	....:....	....	....	☐
....	....:....	....	....	☐
....	....:....	....	....	☐
....	....:....	....	....	☐
....	....:....	....	....	☐
....	....:....	....	....	☐
....	....:....	....	....	☐
....	....:....	....	....	☐
....	....:....	....	....	☐
....	....:....	....	....	☐
....	....:....	....	....	☐
....	....:....	....	....	☐
....	....:....	....	....	☐
....	....:....	....	....	☐
....	....:....	....	....	☐
....	....:....	....	....	☐

AGENDA

📅	🕐	📄	☎	
	:			☐
	:			☐
	:			☐
	:			☐
	:			☐
	:			☐
	:			☐
	:			☐
	:			☐
	:			☐
	:			☐
	:			☐
	:			☐
	:			☐
	:			☐
	:			☐
	:			☐
	:			☐
	:			☐
	:			☐

📅	🕐	📄	📞	
. . . .	. . . . :	. . . .	. . . .	☐
. . . .	. . . . :	. . . .	. . . .	☐
. . . .	. . . . :	. . . .	. . . .	☐
. . . .	. . . . :	. . . .	. . . .	☐
. . . .	. . . . :	. . . .	. . . .	☐
. . . .	. . . . :	. . . .	. . . .	☐
. . . .	. . . . :	. . . .	. . . .	☐
. . . .	. . . . :	. . . .	. . . .	☐
. . . .	. . . . :	. . . .	. . . .	☐
. . . .	. . . . :	. . . .	. . . .	☐
. . . .	. . . . :	. . . .	. . . .	☐
. . . .	. . . . :	. . . .	. . . .	☐
. . . .	. . . . :	. . . .	. . . .	☐
. . . .	. . . . :	. . . .	. . . .	☐
. . . .	. . . . :	. . . .	. . . .	☐
. . . .	. . . . :	. . . .	. . . .	☐
. . . .	. . . . :	. . . .	. . . .	☐
. . . .	. . . . :	. . . .	. . . .	☐
. . . .	. . . . :	. . . .	. . . .	☐
. . . .	. . . . :	. . . .	. . . .	☐

AGENDA

📅	🕐	📄	📞	
	:			☐
	:			☐
	:			☐
	:			☐
	:			☐
	:			☐
	:			☐
	:			☐
	:			☐
	:			☐
	:			☐
	:			☐
	:			☐
	:			☐
	:			☐
	:			☐
	:			☐
	:			☐
	:			☐

📅	🕐	📄	📞
	:		☐
	:		☐
	:		☐
	:		☐
	:		☐
	:		☐
	:		☐
	:		☐
	:		☐
	:		☐
	:		☐
	:		☐
	:		☐
	:		☐
	:		☐
	:		☐
	:		☐
	:		☐
	:		☐
	:		☐

AGENDA

¡**Toda la información a mano!** Consulta aquí los principales términos usados en tu workbook.

A

Actividad inventiva:
Requisito de patentabilidad, junto con la novedad y la aplicación industrial. Se refiere a que además de ser nueva, no debe resultar evidente para un experto en la materia.

Agente de patentes:
Representante legal entre el inventor y la oficina de patentes. Se encargan de la redacción de patentes y modelos de utilidad, preparación y depósito de solicitudes, entre otros trámites relacionados con la propiedad industrial.

Aplicación industrial:
Requisito de patentabilidad, junto con la novedad y la actividad inventiva. Se refiere que una invención es susceptible de aplicación industrial cuando su objeto puede ser fabricado o utilizado en cualquier clase de industria.

B

Business Angels:
Inversor privado que aporta financiación, experiencia y contactos a emprendedores con nuevas ideas de negocio en sus fases iniciales con el proposito de recibir una futura retribución.

C

Capital riesgo:
Es un método de financiación para proyectos innovadores que consiste en la participación de una entidad financiera en el capital social de una empresa o startup. La entidad pone a disposición una entrada económica a cambio de convertirse en socio del proyecto financiado, por lo que los riesgos y resultados también son asumidos por esta.

Crowdfunding:
Es un tipo de financiación en el que un grupo de personas apoyan un proyecto innovador. Su funcionamiento pone en contacto directo al inventor con personas que desean apoyar su proyecto con pequeñas o medianas aportación económicas a cambio de recompensas. Es una solución económica que permite encontrar financiación para el desarrollo de inventos y nuevos productos a los que les cuesta recibir financiación por otros medios.

D

Dominio en Internet:
Es el nombre único y exclusivo que se le da a un siito web para que cualquier persona en internet pueda visitarlo. En un proyecto innovador en fundamental para generar recordación y posicionar la marca del producto o servicio.

E

E-mail Marketing:
Método de promoción de un producto o servicio a través de envio de correo eletrónico.

Emprendedor:
Persona que tiene la capacidad de identificar una oportunidad de negocio y se organiza de forma que puede reunir los recursos económicos, humanos y tecnológicos para dar inicio y desarrollar un proyecto empresarial.

Espacenet:
Localizador de Patentes de la Oficina Europea de Patentes (EPO). Contiene información de patentes de todo el mundo registradas desde 1836.

Estado de la técnica:
Se refiere al nivel de desarrollo alcanzado por un área particular de una materia técnica en una fecha dada. Está constituida por todo lo que antes de esta fecha se ha hecho accesible al público en cualquier parte del mundo y por cualquier medio (descripción escrita, oral, uso, etc.) y es decisivo para la determinación del cumplimiento de los requisitos de patentabilidad en cuanto a novedad y actividad inventiva.

GLOSARIO

F

Fase nacional:

Fase del proceso de patente donde se debe decidir los países o territorios en los cuales se desea mantener la protección del invento formalizando una solicitud en cada de los elegidos. Las patentes y modelos de utilidad que emplea la vía PCT cuenta con hasta 30 meses desde la fecha de la primera solicitud para iniciar este tramite.

Existen la posibilidad de presentar solicitud agrupada en estas regiones: Patente europea, Patente euroasiática, OAPI y ARIPO (África).

G

Google Patents:

Buscador de patentes online, libre y gratuito que facilita el acceso a docuementos de invenciones de todo el mundo.

H

Herramientas de comunicación:

Sirven para presentar y promocionar de forma atractiva y profesional la información de un invento y permitir que otras personas, inversores, aliados, empresas y medios de comunicación puedan conocer el producto y ponerse en contacto con el inventor.

I

Influencer:

Persona con credibilidad sobre un tema concreto y que por su presencia e influencia sobre sus seguidores en redes sociales o blogs puede popularizar un negocio y fomentar su visibilidad online.

Informe del Estado de la Técnica:

Es un informe realizado por la Oficinas de Propiedad Industrial de acuerdo a la legislación propia de cada país que contiene los resultados de los documentos que se consideran relevantes para determinar la novedad o actividad inventiva de una invención determinada.

Innovación tecnológica:
Implantación de ideas y proyectos que suponen la creación de un producto o servicio nuevo o mejorado a partir de la modificación de desarrollos ya existentes.

Invenes:
Base de datos online, libre y gratuita de la Oficina Española de Patentes y Marcas donde se puede consultar información de registros de invenciones en España y Latinoamérica.

Inversor:
Es una persona o institución que realiza una inversión económica a una empresa o idea de negocio con el propósito de recibir retribución a largo plazo. Según de donde procede la financiación el inversor puede ser público o privado.

L

Latipat:
Base de datos online, de patentes en español y portugués. Ofrece acceso a documentos de invenciones de América Latina y España.

Licencia de patente:
Es un contrato mediante el cual el titular de una patente o modelo de utilidad autoriza a un tercero a la explotación de su patente a cambio del pago de una regalía, y bajo ciertas condiciones como la duración y al territorio de aplicación.

Lluvia de ideas:
Es una técnica básica de creatividad basada en la generación de ideas de manera espontánea relacionados con un tema particular para posteriormente evaluar su valor.

M

Marca:
Es el signo de identificación de un producto, servicio o App, que tiene por objetivo principal diferenciarlo del resto de productos competidores en el mercado. El registro de marca otorga el derecho exclusivo de uso en un producto innovador, lo que significa que otros no podrán usar esa marca para comercializar otros productos idénticos o similares.

Modelo de utilidad:
Según la Oficina Española de Patentes y Marcas protege invenciones con un menor rango inventivo que la Patente. Se trata de una innovación que efectua mejoras a productos ya existentes. Pueden protegerse como modelos de utilidad los utensilios, instrumentos,

herramientas, aparatos, dispositivos o partes de los mismos. Su validez es de 10 años.

N

Novedad:

Requisito de patentabilidad, junto con la actividad inventiva y la aplicación industrial. Se considera que una invención es nueva cuando no está comprendida en el estado de la técnica.

P

Patente:

Título concedido al inventor de un producto innovador que otorga el derecho exclusivo de utilizar, explotar y vender su invento, y sobre todo, a impedir que terceros lo utilicen, fabriquen y pongan en el mercado sin su consentimiento. Su validez es de 20 años.

Patente nacional:

Registro de un invento ante la oficina de Patentes de un País. La solicitud da inicio a al periodo de prioridad internacional de 12 meses, el cual puede ser extendido a 30 meses con la solicitud PCT.

PCT:

Trámite en virtud del Tratado de Cooperación en Materia de Patentes que permite al inventor, mediante una única solicitud de patente, solicitar protección en todos los países designados por él, de los adheridos al Tratado.

Prioridad internacional:

Al solicitar el registro de una invención el inventor adquiere un Derecho de Prioridad internacional de 12 meses. En la práctica ese derecho de prioridad constituye una protección internacional en los 152 países pertenecientes al convenio de patentes durante los 12 meses. Con la solicitud de PCT se obtienen 18 meses adicionales.

Propiedad industrial:

Hace referencia al conjunto de derechos exclusivos sobre determinadas creaciones inmateriales: marcas y nombres comerciales, diseños industriales, patentes y modelos de utilidad.

Prototipo:

Es un modelo inicial de un invento. Es una presentación limitada del diseño de un producto que permite llevar la idea a la realidad para verificar su funcionamiento, y comprobar que las partes y mecanismos planeados son los correctos para cumplir su objetivo.

S

Simulación virtual:
Es la reproducción de un producto realizada a través del ordenador por diseñadores e ilustradores expertos. La simulación tiene aspecto tridimensional y tiene movimiento por lo que permite apreciar el producto de forma detallada y realista.

Solicitud PCT (Patent Cooperation Treaty):
Solicitud que se puede tramitar dentro de los 12 meses de prioridad de una patente o modelo de utilidad. Permite extender con una tramite la Prioridad Internacional por 18 meses adicionales en los 153 países que actualmente conforman e al acuerdo internacional de patentes.

NOTAS